身边的科学 真好玩

万万少不了的极端天气

You Wouldn't Want to Live Without Extreme Weather!

[英]罗杰·卡纳万 文
[英]马克·柏金 图
高 伟 李芝颖 译

APGTIME 时代出版
时代出版传媒股份有限公司
安徽科学技术出版社

[皖]版贸登记号:121414021

图书在版编目(CIP)数据

万万少不了的极端天气/(英)卡纳万文;(英)柏金图;高伟,李芝颖译. --合肥:安徽科学技术出版社,2015.9(2024.1重印)
(身边的科学真好玩)
ISBN 978-7-5337-6792-1

Ⅰ.①万… Ⅱ.①卡…②柏…③高…④李…
Ⅲ.①天气-儿童读物 Ⅳ.①P44-49

中国版本图书馆CIP数据核字(2015)第213789号

万万少不了的极端天气 [英]罗杰·卡纳万 文 [英]马克·柏金 图 高伟 李芝颖 译

出 版 人:王筱文 选题策划:张 雯 责任编辑:张 雯
责任校对:刘 凯 责任印制:廖小青 封面设计:武 迪
出版发行:安徽科学技术出版社 http://www.ahstp.net
(合肥市政务文化新区翡翠路1118号出版传媒广场,邮编:230071)
电话:(0551)63533330
印 制:大厂回族自治县德诚印务有限公司 电话:(0316)8830011
(如发现印装质量问题,影响阅读,请与印刷厂商联系调换)

开本:787×1092 1/16 印张:2.5 字数:40千
版次:2015年9月第1版 印次:2024年1月第10次印刷

ISBN 978-7-5337-6792-1 定价:28.00元

极端天气大事年表

公元1588年

为了争夺海上霸权，西班牙和英国在英吉利海峡进行了一场激烈壮观的大海战，占据绝对优势的西班牙无敌舰队几乎全军覆没，英吉利海峡的大风暴对英国胜利提供了极大助力。

1923—1924年

澳大利亚西部的马波巴小镇以其热浪天气声名在外。据记载，1923年10月31日到1924年4月7日，当地气温持续160天都在37.8℃以上，创下世界纪录。

1960年

美国航空航天局1960年4月成功发射了第一颗气象卫星“泰洛斯-1”。

1900年

一场飓风袭击了美国德克萨斯州海岛城市加尔维斯敦，造成3600栋房屋损毁，约6000人死亡。

1925年

美国最致命的“三洲大龙卷风”发生于1925年3月，席卷密苏里州东南部、伊利诺伊州南部和印地安那州北部，导致695人死亡。

1985年

英国科学家首次报道，在南极上空发现了臭氧层空洞。

2003年

热浪和干旱席卷欧洲的大部分地区，导致7万人死亡。

2005年

“卡特里娜”飓风肆虐美国路易斯安那州，淹没新奥尔良市大部分区域，导致1800人死亡，造成800亿美元的经济损失。

1975年

台风“尼娜”在中国登陆，摧毁一个又一个大坝，造成了巨大的人员伤亡和财产损失。

1989年

一场龙卷风肆虐了孟加拉国马尼格甘杰地区的两个镇，在几分钟之内就令大约1300人丧生。

全球极端天气

在面对各种困难条件时，人类总是有办法应对。世界各地的人们都学会了如何适应，甚至是利用极端天气。

在俄罗斯的农村，人们会庆祝一年里的头一场降雪，因为大雪会像毛毯一样保护房屋和庄稼免受严寒的侵袭。

气温与降雨的完美结合不仅使新英格兰的枫树能生产出美味的枫糖，还能让枫叶在秋季染上瑰丽的色彩。

中国军队用火箭播下云层，使2008年北京奥运会的进程能够不受大雨影响。

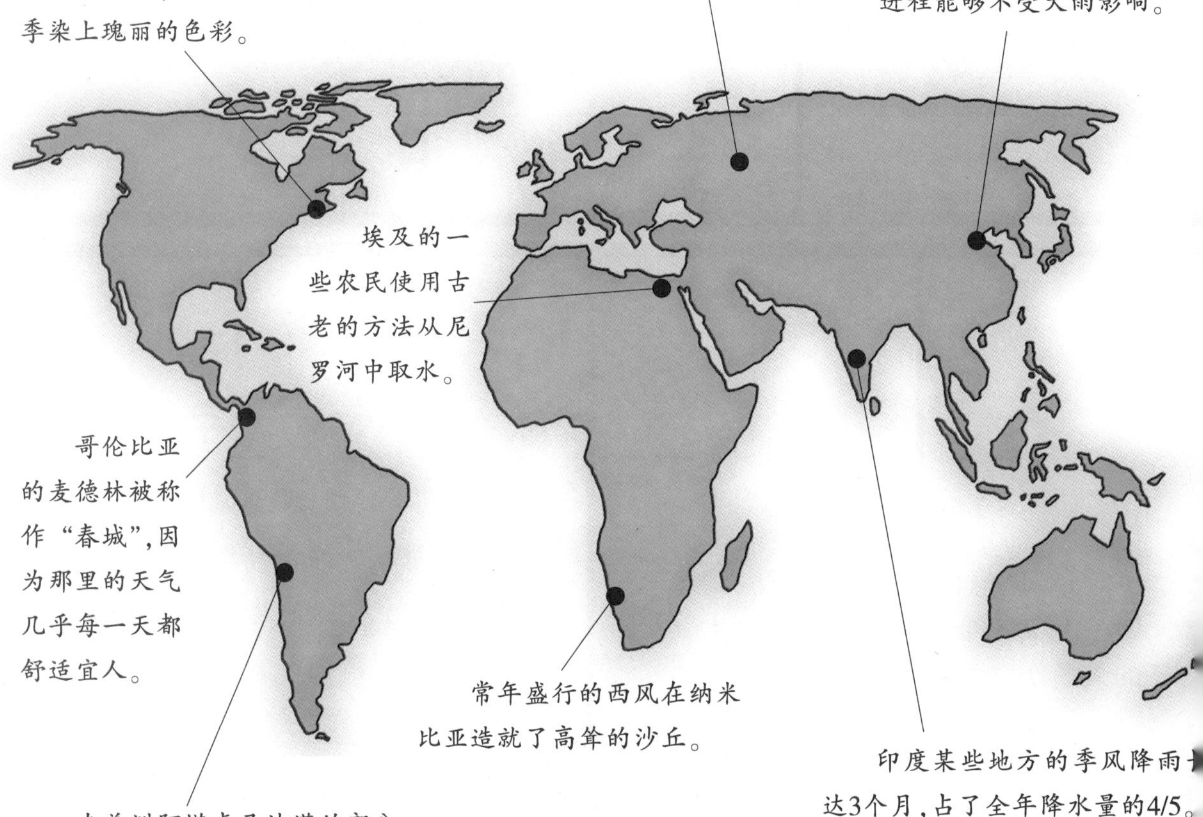

埃及的一些农民使用古老的方法从尼罗河中取水。

哥伦比亚的麦德林被称作“春城”，因为那里的天气几乎每一天都舒适宜人。

常年盛行的西风在纳米比亚造就了高耸的沙丘。

印度某些地方的季风降雨长达3个月，占了全年降水量的4/5。

南美洲阿塔卡马沙漠的部分地区已经有数百年没下过雨了。

在南极洲的沃斯托克研究站，人们记录到了这个星球上最低的温度。

作者简介

文字作者：

罗杰·卡纳万，是一名很有成就的作家，曾创作、编辑和协作完成10多本有关科学和其他教育主题的图书。他有三个孩子，在他探求知识的路上，他们是最为严厉的批评家，也是志同道合的伙伴。

插图画家：

马克·柏金，1961年出生于英国的黑斯廷斯市，曾在伊斯特本艺术学院就读。他自1983年以后专门从事历史重构以及航空航海方面的研究。他与妻子和三个孩子住在英国的贝克斯希尔。

目　录

导　读 …… 1

天气和气候是一样的吗? …… 2

若天气永远不变,对生活会有什么影响? …… 4

我们能利用闪电风暴吗? …… 6

风有停的时候吗? …… 8

什么是“热浪”? …… 10

最冷能有多冷? …… 12

还在下雨吗? …… 14

极端天气塑造了世界? …… 16

人类如何应对极端天气? …… 1

我们能掌控天气吗? …… 20

气候变化怎么办? …… 22

我们能预测多久的天气? …… 24

术语表 …… 26

对抗天气的建筑 …… 2

气象卫星 …… 2

平均降雨量排名前十的国家 …… 3

你知道吗? …… 3

致　谢 …… 3

导　读

似乎每个人都对天气感兴趣，不过人们最喜欢谈论的主要是那些极端天气，例如异常的酷暑和极度的严寒，还有超级潮湿和干燥的天气。

通常情况下，在经历极端天气后，人们都会有一种解脱的感觉。他们渴望“正常”的生活，当然这份期望里也包含了对温和天气的向往。但也有许多人依靠极端天气生活，他们希望有连续4个月的大雨浇灌稻田，或是希望冬天寒冷些，以使苹果果园来年的收成更好。某些地方不好的极端天气对另一些地方来说可能是有益的：如果南极和北极不是那么寒冷，陆地的冰就会大量融化，很多岛国就会遭殃，甚至被完全淹没。

天气和气候是一样的吗？

“天气”和“气候”这两个词可以表述相同的东西，例如暴风雪、热浪或者飓风，所以你可能会认为这两个词的意思相同。实际上，两者是有差异的，而且它们之间的差异也很好理解，因为它们的差异与时间有关。

“天气”一词用来描述我们身边相对短暂时间里的大气层状态，短到一个小时、一天或者一个礼拜。天气是变化多端且来去无常的。而“气候”一词则用来描述在数年时间里常有的大气的平均状态。气候比天气更好预测，或者，按照一位气象学家的话来讲，“气候” 是你预计得到的，而“天气”是你实际得到的。

季风是指一段有猛烈降雨的时期，该时期通常持续数月。印度的西南季风持续仅仅三个月，但其间的降水量却占了印度全年降水量的80%。季风属于极端天气，却是可以预测的，它们属于气候的一部分。

我们都知道自己居住地的气候，这就是我们遇到反常天气会感到惊讶的原因，例如在气候炎热的地区，冬天下雪就会使人惊奇不已！

原来如此！
水会在地球的表面进行循环往复的运动，这一过程我们称之为水循环。暖空气促使洋面的水分蒸发，形成云。当云层越飘越高时，云层温度下降，水蒸气就会凝结形成雨。大部分降雨会汇集成溪流与江河，并最终重新流入海洋。
水蒸气
雨水
径流

在美国的许多城市，**孩子们**在夏天最热的几天里会有机会享受消火栓的喷水淋浴。炎热的天气并不令人惊讶，因为这几乎年年都有，换句话说，这样的天气是那些城市所处气候的一个组成部分。当这些孩子的家长自己还是小孩子的时候，或许也用过同样的方式消暑降温。

诸多的天气是由海洋决定的，而海洋的覆盖面积超过了地球表面积的2/3。暖空气能吸取海洋里的水分，聚集为云层，再形成降雨。

政府和官员们需要时刻关注天气，以便及时应对天气的突发情况。在气候寒冷的地区，人们必须确保除雪设备在整个冬天都能正常运转。

若天气永远不变，会对生活有什么影响？

你是否曾经凝望雨滴默默念道："要是永远没有雨该多好啊！"或者当你在堆雪人的时候，是否曾想过："要是一直都是冬天就好了！"

不过，在世界上某些地方，天气一年四季的确是一成不变的，而且年年如此。但你能想象出那会是什么情形吗？

假如的确如你所愿，地球上所有地方的天气和气候都是一样的，你可能会好奇我们的生活会是什么样的吧？现在，请换一个角度看，你将会意识到天气和气候的变化对我们来说是多么重要。

他们预计2419年这里会有一场降雨。
到时候我来得及回家拿雨伞吗？

位于智利的**阿塔卡马沙漠的部分地区**已经400年没有降雨记录了。西海岸的空气是干燥的，而来自东面的雨水在到达沙漠之前，全降落在了山上。

水稻生长在被水淹没的稻田里，但这种重要农作物需要的可不仅仅是水。它还需要热量、光照和降水的精确配合，也就是说，需要恰到好处的天气，才能迎来丰收。

尝试一下！

当你每天早上醒来时，记录下当天的天气情况，连续记录一个月。即便你觉得这是“正常”的，也要看看天气变化的频繁程度。要是你足够有心，还可以记录下明年这个月时的天气情况。这样一来，你能发现气候特征的蛛丝马迹吗？

哥伦比亚的麦德林因其宜人的天气获得“春城”的美誉。在那儿，一如春天的好天气会持续一整年。那儿的人们会举行一年一度的花会，以示庆祝。

只有**早春**天气恰到好处，才能使美国的新英格兰和加拿大的糖枫树的树液自由流动。当树的汁液流动起来时，我们就可以将它们熬煮成枫糖了。

苹果和其他许多植物都依赖霜冻和冬天寒冷的天气来帮助果实的生长。要是全世界都四季如春的话，那你就再也吃不到苹果了。

我们能利用闪电风暴吗？

风暴来临时，常常伴随着激烈的闪电和轰鸣的雷声。雷暴有时也被称作“闪电风暴”，这是因为闪电包含着能量惊人的电荷。美国科学家和政治家——本杰明·富兰克林在1752年那场极为危险的风筝实验中便证明了这一点。当闪电从云层里冲出时，会在空气中开辟一条道路。闪电周围的热空气会迅速膨胀，使空气产生震动从而形成雷声。光比声音的传播速度快得多，所以我们往往先看到闪电，几秒之后再听到雷声。

大城市里的**雷暴**是激动人心的景象，那一道道闪电可能会直击摩天大楼的楼顶。所有的高层建筑都配有避雷针。避雷针是一种金属装置，能把电流安全地引入大地，从而使建筑物免遭雷击。

植物依赖土壤里的氮元素维持生长，产出养分。空气中的氮含量丰富，闪电所携带的高能电流能把空气里的氮元素改变成植物能利用的形式，并由雨水带入土壤。

除了壮观的闪电和雷鸣，**雷暴还能做许多事**。它能产生一种被称作上升气流的强风，强风能够穿透云层，还能扫除污染空气的难闻气体和微小颗粒物。

原来如此！

人们常说，雷暴过后，人的身体感觉会更佳，心情会更好。这种现象的部分原因是雨后会有清洁的空气和凉爽的温度。此外，残留在空气中的电荷粒子也会使你的心情变得更好。

你或许不想被雷暴天气打湿身体，但你知道一场大雨真正意味着什么吗？它能极大地补充蓄水库的水量。举个例子，美国有一半以上的公共用水来自风暴降雨。

雷暴经常发生在冷暖空气相互碰撞的地方。暖空气会逐渐爬升，其中包含的水汽会凝结，这个过程就形成雷雨云。一旦风暴形成，在风暴周围冷却的空气就会顺势下降，扩散到地面，像空调一样，造成降温。

风有停的时候吗？

风是地球上天气最常见的一种表现形式，它在旋转的过程中会增强或减弱，抑或是保持同一方向不停地吹。风形成的原因多种多样：地球的自转，大陆和海洋温度的冷暖差异，空气自身的气压。微风能使人心旷神怡，但强烈的风却极具破坏力。龙卷风是最强劲的风，它有着令人生畏的外形。它是如此的强劲，以至于它能将牛、车辆，甚至是房屋卷至空中，并远远地抛出。

可怕的风

飓风，也被称作气旋或台风，是极具威力的风暴，常发源于热带洋面。

龙卷风是柱状的强劲漩涡气流，由雷雨云层延伸至地面。

海龙卷发生在水域之上（海上或湖面上），其强度弱于龙卷风。

东北风暴是一
发生在新英格兰沿岸
力巨大的风暴，风暴
时东北风也刮得强劲。

尝试一下！

在秋天，试着收集一些枫树或者美国梧桐的种子。这些种子总是成双成对的，每一粒种子都连接着一只小翅膀。选一个有风的日子，把它们一分为二，从楼上的窗户向外丢出去。观察这些“小直升机”是怎样搭乘顺“风”车的，看看它们最多能飘多远。

喷射气流是高层大气中的狭窄气“带”，由西向东吹。

植物借助风力播撒种子，你可以通过对一小撮蒲公英吹气来观察这一过程。它们的种子会飘散开来，由此新的植株就可以生长在离母体较远的地方了。

沙尘暴是强风把松散的沙粒和尘土带到空中所形成。

密史脱拉风是一种强劲的北风，经常一连几天侵袭法国南部。

强风并不一定只有坏处，许多的运动和游戏项目就依赖于它。在平地上，滑雪者通过降落伞借助风力可以获得良好的速度。

“飓风猎人”是**经过特别改装的飞机**，能够飞越飓风，它所采集的数据能帮助气象学家更好地研究风暴成因。

什么是“热浪”？

当天气变得极度炎热且长期持续时，它可怕的一面就会显露出来。气象学家常用“热浪”一词形容一个地区连续三天及以上的异常高温。这异常的高温不仅令人难受，还会带来一系列严重的问题。水的供应会出现短缺，酿成旱灾。

极度炎热和干燥的空气很可能引发严重的火灾，波及森林、旷野和乡镇。为了应对这种极端威胁，人们也会使用极端的办法——以火“攻”火。消防员会在火灾将要经过的道路上预先点燃一片可以控制的火。这叫做放逆火或迎面火，可以阻止火灾继续向前蔓延，因为其蔓延的道路上已经没有可燃物供其燃烧了。

人们有时会放弃**村庄**，任凭洪水淹没土地，然后将其变成蓄水库。在长久的干旱过后，水位较平时会有明显的下降，一些建筑物的顶端就会从水里冒出来。

当你在热天进行户外活动，尤其是锻炼身体时，**水是必不可少的**。脱水（身体缺水）可是件十分危险的事情。

重要提示！
如果你家里有门廊或游廊的话，不妨在天热的时候泼些水上去。水蒸发时能吸收热量，当热量被带走之后，一段时间里，人走在这些门廊上就会感觉凉快许多。

苹果和其他水果依靠严冬促使自身生长，相反，有些植物则依赖极端的高温让其种子发芽。在干燥、炎热的环境下，火罂粟和其他花朵依然鲜艳，成为一道亮丽的风景线。

20世纪30年代，北美洲中部的大部分农业区被严重的干旱和沙尘暴侵袭后，变成了“**风沙侵蚀区**”，许多家庭被迫离开这些贫瘠的农场。

最冷能有多冷？

在寒冷的冬天，自然界的所有事物似乎都慢了下来，或彻底停止了活动。靠近地球两极的地区，即便处于夏季，也是非常冷的。1983年，科研人员在南极洲的俄罗斯沃斯托克科考站记录下了地球上最低的温度：-89.2℃。虽然我们大多数人都没有经历过类似的低温，但仍然有些人生活在十分寒冷的地方。那儿的冬天，气温会降至-40℃以下，不过对于他们来说，冬天可是运动和举行庆典的大好时节。

从南极极点出发，朝哪边走才能回家啊？
当然是朝北走啦！
圣彼得堡
南极
冰极
麦克默多站 *

沃斯托克科考站的指示牌

* 注：1956 年，美国设于南极的考察站，是南极洲最
的科学研究中心。

享受寒冷！

在俄罗斯的**农村**，人们会庆祝一年里的头一场降雪。大雪在那儿很受欢迎，因为它就像毛毯一样，保持土壤温度，从而保护农作物免受严寒空气的侵袭。

重要提示！

想在寒冷的天气里保持温暖，你就得多穿几层薄衣服，而不是只穿一层厚衣服。因为空气有很好的隔热效果，所以身上穿的衣服越多，衣服相互之间存留的空气就会越多，这样就能更好地保暖。

地球北部许多区域每年冬天都会举行盛大的嘉年华活动，人们做游戏，比赛堆雪人，并给最佳的冰雕作品颁奖。

有些动物在其皮毛和脂肪层的保护下能很好地适应寒冷。著名的阿拉斯加雪橇犬品种——哈士奇能适应-57℃的严寒。

冬季运动在冬季一些十分寒冷的国家很受欢迎。冰球(冰上曲棍球)是始于美国的本土运动，至今仍有人热衷于在结冰的湖面上进行这项运动，而不是在溜冰场上。

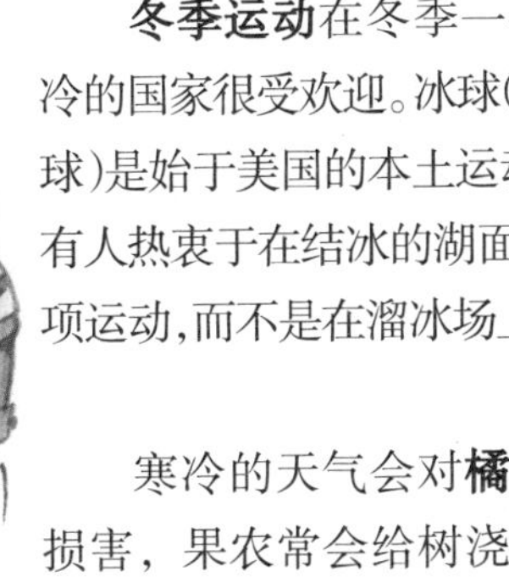

寒冷的天气会对**橘子树**造成损害，果农常会给树浇水以助其抵御严寒。当水结冰时，会释放出部分热量，这些热量足以让树安全过冬了。

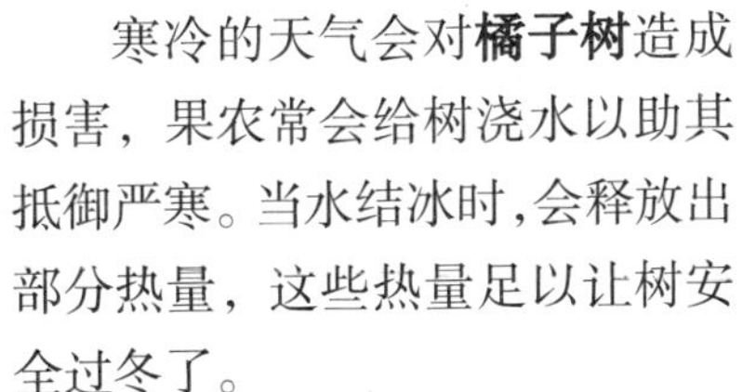

还在下雨吗？

当人们谈及天气时，最常想到的就是“下雨”或“不下雨”。我们总希望在重大活动时不会下雨，比如毕业典礼和大游行的时候，或是野餐和在海滨度假时。但世界上的许多地方不仅有下雨天，还有雨季，而雨季意味着天天都会下雨。要是没有雨季，农作物就无法生长。世界上许多伟大的文明也都诞生于雨量丰富的地区，丰富的雨量确保了充足的水源，那是我们的“生命之源”。

一段时间内降水量的突然增大会给河流沿岸和峡谷地区的居民带来灾难，因为水势猛涨会围困居民。有的人被洪水围困后，还需要救生艇把他们从建筑物里解救出来。

埃及人依赖尼罗河水生活已经有数千年的历史。每年春天，尼罗河都会决堤泛滥，给周边的农产区带来肥沃的土壤，有些农民至今还在用传统的桔槔（如左图，俗称“吊杆”）从尼罗河里取水。

尝试一下!

自己动手做一个雨量测量器吧。把一个软塑料瓶的顶端切掉，在里面放入一些小石头，将瓶子的重心降低，然后加水，使水刚好没过石头，并把这条水位线标记为基本水位线。将刚才剪掉的瓶顶倒扣过来，变成一个漏斗，用直尺和记号笔从基本水位开始标注出每一毫米。

我真想逮一只美味的斑马!

热带稀树草原覆盖了东非的大部分地区。在一年的大部分时间里，这些稀树草原都被烈日烘烤着，直到雨季到来，才为草原重新孕育出草场和水塘。当然，动物停下来在水塘边喝水时，可要时刻提防捕食者啊!

我们有些人不把水当回事儿，但世界上仍有很多地方的人需要长途跋涉去取水，而且这种活儿一般都是交给小孩子来做的。

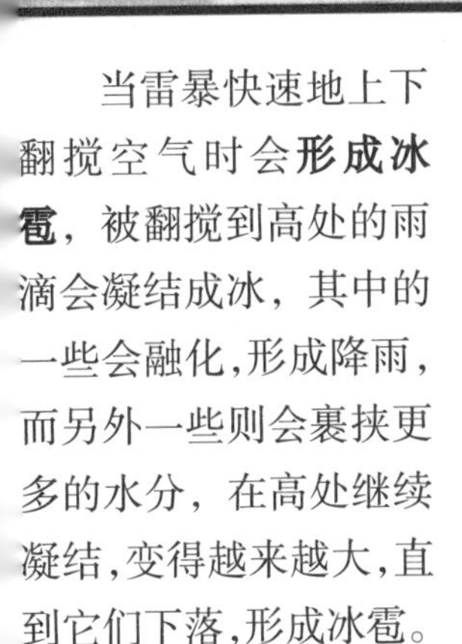

当雷暴快速地上下翻搅空气时会**形成冰雹**，被翻搅到高处的雨滴会凝结成冰，其中的一些会融化，形成降雨，而另外一些则会裹挟更多的水分，在高处继续凝结，变得越来越大，直到它们下落，形成冰雹。

嘎!嘎!

极端天气塑造了世界？

无论天气再怎么极端、恶劣，总免不了两个因素：风和水。风和水能成为可怕的武器，侵蚀土壤和石头，雕琢出巨大的山谷，塑造出怪异的地貌，要是再加上极端的冷热温度变换，这些地貌还会变得更加神奇。世界上许多久负盛名的自然景观，都少不了天气的鬼斧神工。

瑞士的**阿尔卑斯峡谷**由上个冰河时期的冰川溶蚀而成，它有时被称作U形谷，因为它的底部宽阔，且侧边陡峭。

峡谷地貌经常出现在美国的西部电影中。

原来如此！

靠近南极洲的南面海洋上，冰冷的浪花打在礁石上会形成一层冰，加上连月的暴风雪的覆盖与侵蚀，最终形成了这种蘑菇状的奇异景观。但是，它们每年夏天都会融化、消失。

沙漠的炎热，冬季的寒冷，加上风和水，它们共同塑造了美国犹他州和亚利桑那州大峡谷的奇特景观。冷和热能使石头膨胀和收缩，以致石头开裂。

海蚀柱是一种屹立于海洋上的神奇的石塔。每一个海蚀柱都是大陆的一部分，但是常年的风吹雨淋浪打，把它和大陆连接部分的土壤和石头都侵蚀掉了。

新英格兰秋天里有着大片大片五彩斑斓的树叶，那醉人的色彩需要弱光、降雨和温度的精密配合才能形成。

在非洲西南部的纳米比亚，**西风**把沙砾堆积成高如山峦的沙丘，由于风力的持续作用，沙丘的形状每天都在发生变化。

人类如何应对极端天气？

人们总能找到办法解决各种各样的困难。即便我们不能改变天气，至少也能减少极端天气带来的损害。也就是说，在雨季时，我们可以保持室内干燥；在炎热的季节，则保持凉爽；在暴风雪天，可以保持温暖。其次，为了应对极端天气，我们不仅可以寻找自然的庇护所，还修建能抵御极端天气的房子。但归根结底，想象力和不断探寻的勇气才是最重要的。

一些节能环保的现代建筑，外表看上去就像古代人住的洞穴一样。

请准备好!

许多沙漠居民在夏天穿着宽松的白色服装以保持凉爽。白色能够反射部分太阳热量,自由飘动的衣服能遮蔽阳光,并给皮肤保留较为充分的散热空间。

原来如此!

俄罗斯北部的西伯利亚极其寒冷,以至牛奶都是在冰冻状态下以光碟或冰球一样的形状出售。人们会把牛奶装进网袋里带回家,并把这些大冰盘垒在屋外,以便不时之需。

时刻准备好应对极端天气是**非常重要**的,尤其是突发的极端天气情况。美国许多地方的学生会定期进行龙卷风训练演习,所以当龙卷风真正来袭时,他们就知道如何保证自身安全了。

在气候寒冷的地区,人们更习惯于待在室内。美国明尼苏达州的气候寒冷,而这家购物中心却包含有卖场、餐馆、绿化区,甚至还建了主题游乐园。

水在世界上许多地方都是**十分宝贵**的,人们用水时会十分小心,以免造成浪费。印度洋上的毛里求斯有漫长的旱季,所以那里的人们会修筑工事来收集并贮存水源。

我们能掌控天气吗？

很多人认为，既然我们没有能力改变坏天气，倒不如欣然接受它。但如果我们真能改变天气呢？几千年来，人们一直期望梦想成真。所以，有些地方的人们希望通过跳舞和祈求神灵的方式，为庄稼求得雨水的滋润。当然，与之相反的是在另一些地方，会有数百万人希望没有雨水来扰乱重要仪式的进程。你的愿望是什么呢？

为了保证2008年奥运
在北京顺利进行，**奥运组委**
开展了精密的筹划，甚至包
对奥运期间天气的严格
求——尽可能少下雨！士兵
命向云层开炮，播种乌云，
样一来，便可以阻止雨水在
京落下了。

科学家们可能不久就会研究出一种方法来改变雷击的轨迹：向雷雨云内发射激光。科学家希望闪电可以沿着激光的路径移动，这样一来，它们就可以安全地到达地面，而不会击中建筑物或者人群。

原来如此！

通过一种叫做“云层播种”的方式的确可以激发某些云层降雨。“种子”是一种微小的化学物质，被飞机或火箭发送到云层中。小水滴在化学种子上形成，最终变成落向地面的雨滴。

在看待一些**与天气有关的神话故事**时，我们用不着很认真。《瑞普·凡·温克尔》*故事中曾说，雷声是荷兰的老幽灵玩撞柱游戏时发出的声音。

*注：美国华盛顿·欧文创作的著名短篇小说，都是谈鬼论怪的故事。

有些气象学专家建议向大气层中投放反射性尘埃（一种类似于火山喷发物的物质），这种尘埃能够将太阳的一部分热量反射出去，从而缓解全球变暖的状态。

俄罗斯首都莫斯科每年要花费数百万来清扫街道上的积雪。2009年，莫斯科市长曾提议播种云层，使雪落在城市中心以外的地方，他的这一提议曾轰动一时。

气候变化怎么办？

一方面，人类也许有能力改变天气，但另一方面，人类却面临着更大的危机：全球的气候问题。在地球45亿年的历史长河中，出现过温暖的时期，也经历过寒冷的时期，类似火山爆发这样的自然活动是这些时期更替的主要原因。然而，当今大多数的科学家一致认为，地球变暖的速度比过去任何时候都要快，人类可能要“烧”起来了。究其原因，主要是二氧化碳在大气层里大量堆积，使热量无法散发，我们燃烧化石燃料产生的废气中就含有大量的二氧化碳。

全球变暖是气候变化最显著的特征之一。随着温度的升高，北极的冰盖逐渐融化，许多动物，比如北极熊，都将失去它们赖以生存的自然栖息地。

发电厂会排放大量的二氧化碳。为了避免进入大气，人们打算将它们抽进海底，注入海床上的岩石中或者储存在更浅的大陆架里。

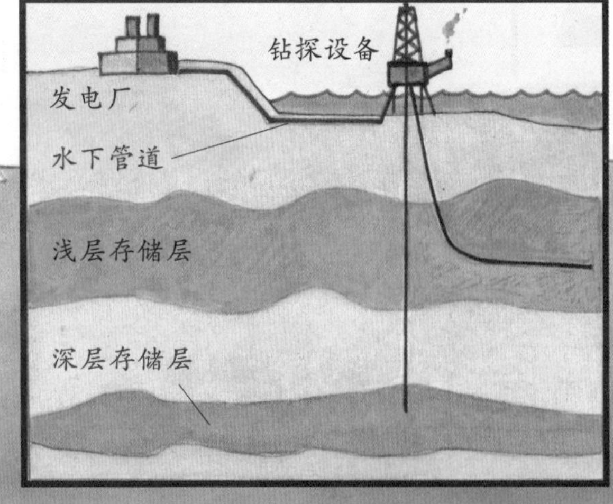

尝试一下！

当你关闭电脑、电视或者其他电器设备时，请确保要彻底关闭它们，不要让它们时刻处于待机状态。这样做不但可以省电、省钱，更重要的是还能避免不必要的二氧化碳排放。

世界上有**数千万人**生活在低洼的沿海地区，这些地区面临着洪水的威胁。更严重的是，气候变化带来的海平面轻微的上升，就足以淹没这些地区。

随着温度的升高，炎热和干旱将使那些原本水草丰茂的地方变得草木不生。沙漠会往外延伸，吞并那些曾经肥沃的土地。

猛犸象体型巨大，是大象的近亲。几百万年前，它们遍布地球。许多科学家相信，猛犸象在最后一次冰河时代的末期（大约12000年前）灭绝。其原因是，全球温度上升，森林取代了它们世代栖息的草原。

我们能预测多久的天气？

对于未来的天气研究，我们相信，天空将不再是限制因素。航空探测器已经为我们提供了有关其他星球的一手气候信息；而海洋科学也让我们受益良多。举个例子，南美洲洋流的温度仅仅变化零点几度，也会使纽约和伦敦下起倾盆大雨。这些新信息能帮助我们在未来更好地应对极端天气吗？

尼尔·阿姆斯特朗和巴兹·奥尔德林于1969年成功登上月球。月球没有空气和水，而空气和水是天气的主要组成部分。因此，他们插在地面的旗帜其实是提前弄皱的，目的是让它看起来像在微风中飘动。

展望未来

准确的天气预报在未来将更加重要。人类造成的气候变化已经大大增加了极端天气出现的概率。平均气温即使上升一点点也会造成更多的热浪和洪水，飓风和龙卷风也将更频繁地出现。

尝试一下！

“多普勒效应”描述的是这样一种现象：事物靠近时，声波聚集（声音变高）；事物远去时，声波分散（声音变低）。你可以亲自去听听，或者叫一个朋友坐在小车后座上，在小车从你身边开过去时向你吹口哨，或者去听听警车或消防车呼啸而过时的汽笛声。

一个**重要的**天气预报工具就是多普勒雷达成像。它利用了多普勒效应计算出移动物体（比如云和暴风雨）的移动速度和方向。

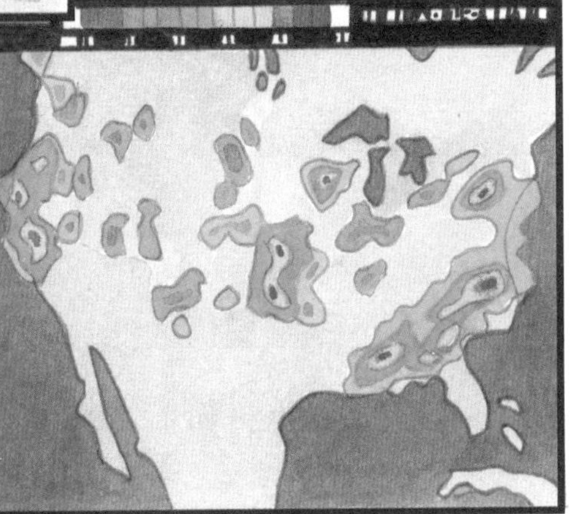

国际航空探测器“卡西尼-惠更斯”号卫星已经发现了土星卫星上的极端天气和有关水的线索。

每年的2月2日，美国宾夕法尼亚州的人们成群结队聚在一起，看土拨鼠菲尔能否看见它自己的影子。科学家们也在研究，是否有些动物能察觉极端天气的即将到来。

术语表

Atmosphere **大气层** 围绕地球或其他宇宙空间里的物体的一层气体，可以抵挡有害辐射，并阻止热量的散失。

Blizzard **暴风雪** 由强风裹挟的雨雪风暴。

Carbon dioxide **二氧化碳** 一种由碳元素和氧元素构成的气体，在大气层中过量积累会导致全球变暖。

Climate **气候** 一个地方或地区的典型天气特征，通常是参考多年的气象状况得来。

Climate change **气候变化** 自然或人为导致的地球温度和大气的变化，这些变化会扰乱长期以来的正常天气情况。

Cyclone **气旋** 一大片涡流状的旋风，尤指在太平洋和印度洋上形成的。相同类型的涡流旋风因形成的地方不同导致叫法不同，在北美洲称飓风，而在亚洲太平洋沿岸则称台风。

Downpour **倾盆大雨** 短时间之内发生的雨量极大且稳定的降雨。

Drought **干旱** 一段短有数周、长则数年的少雨或无降雨的时期。干旱常常导致农作物收成下降和粮食短缺。

Dune **沙丘** 由风力作用形成的带有陡坡的堆状或脊状的松散沙堆。

Element **元素** 构成物质的基本要素；某类原子的总称，它们无法用化学方法继续分解。

Emissions **(气体或物质的)排放** 指由引擎或机械设备产生的废气和微小颗粒物，它们被排放至大气层中会引起不良的后果。

Evaporate **蒸发** 物质由液态变成气态的过程。

Fertile **肥沃的** 能使植被（尤其是农作物）大量生长的。

Fossil fuel **化石燃料** 诸如煤炭和石油等的一类燃料，由亿万年前埋藏于地下的动植物尸体演化而来。

Gale **狂风** 十分强劲的风，诸如海上的强烈风暴。

Glacier **冰川** 体积庞大的冰体，由压得很紧的雪形成。冰川会十分缓慢地向低处滑动。

Global warming **全球变暖** 地球上海洋和大气温度的逐渐上升。全球气候变暖，一部分原因是由人类活动所致，诸如燃烧化石燃料。

Habitat **栖息地** 动植物繁衍生息的场所或场所类型。

Insulator **绝缘体** 能够减缓或阻止诸如电流或热量等能量流动的物质。

Laser **激光** 一种能在长距离投射后仍汇聚成一点的强有力的光束。

Meteorologist **气象学家** 研究和预测天气的科学家。

Nitrogen **氮** 地球大气中含量最丰富的化学元素，存在于所有生命体中。

Ozone layer **臭氧层** 地球大气层中臭氧含量最多的一层。臭氧能保护我们免受太阳有害辐射的侵袭。

Probe **探测器** 投放至外太空执行科学任务的无人驾驶的航天器。

Radiation **辐射** 任何以波的形式传播的能量的统称。辐射通常由一个源头扩散开来，就像水的波纹一样。

Reservoir **蓄水库** 人工修建的湖泊，有时也能自然形成，用以收集并储存水源，水库里的水通常会被用管道远距离输送至缺水地。

Satellite **人造卫星** 无人驾驶的航天器，发射到地球附近绕地球旋转。

对抗天气的建筑

在人们毫无防备时，极端天气的来袭是很危险的。但在那些极端天气经常光顾的地方，提前防范还是可行的。房屋或其他建筑物会经过专门的设计，以抵御那些可能到来的极端天气。

许多海岸边的房子被修建在支柱上。人们爬上梯子进屋，然后将梯子收上去。假使海平面受到大浪和海潮的影响而上升，住在高处的人们也能高枕无忧。在气候炎热的国家，搭建在支柱上的建筑能享受四面八方吹来的凉风。这一类型的房子早在数千年前的新石器时代就已经出现了。

生活在阿拉斯加最寒冷地区的人们同样选择把房屋修建在支柱之上，其中的原因略有不同。因为那儿的某些地方，雪有时下得极大，能够完全淹没一层楼高的建筑物，所以把房屋修得比冬季的雪线*高是必要的。

接下来，我们还会介绍一些在自然界中求生存的方法。例如，生活在西班牙、法国和土耳其较热地区的人们常会在松软的石头上打洞，修建窑洞。大厅和隧道连接着洞内不同的房间，洞里的温度四季恒定。

以上这些房子都是可以常年使用的，而在斯堪的纳维亚半岛或其他地方的冰雪酒店却需要在每年的冬天重新搭建。在这些酒店里，哪怕是睡觉的床也都是用冰块做的，当然表面会铺上一层厚厚的毛毯和床单。

*注：永久性积雪的下限。

气象卫星

第一颗成功发射的气象卫星名叫“泰洛斯-1”，由美国航空航天局在1960年发射升空。它能将云层覆盖及运动的信息传回地球，以帮助人们预测天气。从那以后，又有十几颗卫星相继发射，但并不全是由美国发射的。欧洲太空总署、俄罗斯、中国、印度和日本都曾将自己的卫星送入地球附近的轨道。

有的卫星会稳定在地球的某一区域上空，例如赤道（能完美分割地球南北半球的理想分界线）上空。其他一些卫星则按照极点轨道运动，也就是说，随着时间的流逝，它们会从地球的每一个角落上空经过。这些卫星一年比一年先进——过去，它们只是简单地用来监视风暴和云层的情况；如今，它们不仅能记录气温和大气状况，还能给科学家提供气候变化的信息。

在短短的50年内，卫星科技有了很大的进步，已经能帮助科学家查明造成极端天气的原因，并研究人类对气候的各种影响，这些信息对于政府制订未来的计划是至关重要的。

平均降雨量排名前十的国家

（以全年平均数计：毫米）

1.圣多美和普林希比民主共和国	3200
2.巴布亚新几内亚	3142
3.所罗门群岛	3028
4.哥斯达黎加	2926
5.马来西亚	2875
6.文莱达鲁萨兰国	2722
7.印度尼西亚	2702
8.巴拿马	2692
9.孟加拉国	2666
10.哥伦比亚	2612

数据来源：世界银行2009–2013年统计的平均数据

你知道吗？

• 美国国家气象局从1953年开始用女性的名字为飓风命名，不过从1979年开始又改成了男性的名字。

• 2012年3月，一场龙卷风袭击了北卡罗来纳州的夏洛特市。年仅7岁的小贾马尔·史蒂文从床上被拖走，卷进龙卷风里。结果，人们在他家附近的高速公路绿化带上发现了他，他竟然毫发无损地活了下来。

• 闪电的温度高达30000℃，这比太阳表面的温度还要高。

• 雪花需要经过一个小时的时间才能到达地面。

致　谢

“身边的科学真好玩”系列丛书，在制作阶段幸得众多小朋友和家长的集思广益，获得了受广大读者欢迎的名字。在此，特别感谢田辛煜、李一沁、樊沛辰、王一童、陈伯睿、陈筱菲、张睿妍、张启轩、陶春晓、梁煜、刘香橙、范昱、张怡添、谢欣珊、王子腾、蒋子涵、李青蔚、曹鹤瑶、柴竹玥等小朋友。